Uwe H. Sültz DG 2 DAE

Logbuch für Funkamateure

BoD - Books on Demand

Norderstedt 2018

Bibliografische Information durch die Deutsche Nationalbibliothek

Die Deutsche Nationalbibliothek verzeichnet diese Publikation in der Deutschen Nationalbibliografie; detaillierte bibliografische Daten sind im Internet über http://dnb.dnb.de abrufbar.

© 2018 Uwe H. Sültz

Herstellung und Verlag:

BoD – Books on Demand, Norderstedt

ISBN 9-78374-6-02575-9

Rufzeichen: Standort:

QSO	Datum	Rufzeichen	UTC von/bis	Band	Betr. Art	Sende-leistung	RST geg./erh.	Name	Standort	Anmerkung	QSL

Rufzeichen: **Standort:**

QSO	Datum	Rufzeichen	UTC von/bis	Band	Betr. Art	Sende-leistung	RST geg./erh.	Name	Standort	Anmerkung	QSL

Rufzeichen: **Standort:**

QSO	Datum	Rufzeichen	UTC von/bis	Band	Betr. Art	Sende-leistung	RST geg./erh.	Name	Standort	Anmerkung	QSL

Rufzeichen: Standort:

QSO	Datum	Rufzeichen	UTC von/bis	Band	Betr. Art	Sende-leistung	RST geg./erh.	Name	Standort	Anmerkung	QSL

Rufzeichen: **Standort:**

QSO	Datum	Rufzeichen	UTC von/bis	Band	Betr. Art	Sende-leistung	RST geg./erh.	Name	Standort	Anmerkung	QSL

Rufzeichen: **Standort:**

QSO	Datum	Rufzeichen	UTC von/bis	Band	Betr. Art	Sende-leistung	RST geg./erh.	Name	Standort	Anmerkung	QSL

Rufzeichen: Standort:

QSO	Datum	Rufzeichen	UTC von/bis	Band	Betr. Art	Sende-leistung	RST geg./erh.	Name	Standort	Anmerkung	QSL

Rufzeichen:　　　　　　　Standort:

QSO	Datum	Rufzeichen	UTC von/bis	Band	Betr. Art	Sende-leistung	RST geg./erh.	Name	Standort	Anmerkung	QSL

Rufzeichen: Standort:

QSO	Datum	Rufzeichen	UTC von/bis	Band	Betr. Art	Sende-leistung	RST geg./erh.	Name	Standort	Anmerkung	QSL

Rufzeichen: **Standort:**

QSO	Datum	Rufzeichen	UTC von/bis	Band	Betr. Art	Sende-leistung	RST geg./erh.	Name	Standort	Anmerkung	QSL

Rufzeichen: Standort:

QSO	Datum	Rufzeichen	UTC von/bis	Band	Betr. Art	Sende-leistung	RST geg./erh.	Name	Standort	Anmerkung	QSL

Rufzeichen: **Standort:**

QSO	Datum	Rufzeichen	UTC von/bis	Band	Betr. Art	Sende-leistung	RST geg./erh.	Name	Standort	Anmerkung	QSL

Rufzeichen: **Standort:**

QSO	Datum	Rufzeichen	UTC von/bis	Band	Betr. Art	Sende-leistung	RST geg./erh.	Name	Standort	Anmerkung	QSL

Rufzeichen: **Standort:**

QSO	Datum	Rufzeichen	UTC von/bis	Band	Betr. Art	Sendeleistung	RST geg./erh.	Name	Standort	Anmerkung	QSL

Rufzeichen: Standort:

QSO	Datum	Rufzeichen	UTC von/bis	Band	Betr. Art	Sende-leistung	RST geg./erh.	Name	Standort	Anmerkung	QSL

Rufzeichen: Standort:

QSO	Datum	Rufzeichen	UTC von/bis	Band	Betr. Art	Sende-leistung	RST geg./erh.	Name	Standort	Anmerkung	QSL

Rufzeichen: **Standort:**

QSO	Datum	Rufzeichen	UTC von/bis	Band	Betr. Art	Sende-leistung	RST geg./erh.	Name	Standort	Anmerkung	QSL

Rufzeichen: **Standort:**

QSO	Datum	Rufzeichen	UTC von/bis	Band	Betr. Art	Sende-leistung	RST geg./erh.	Name	Standort	Anmerkung	QSL

Rufzeichen: Standort:

QSO	Datum	Rufzeichen	UTC von/bis	Band	Betr. Art	Sende-leistung	RST geg./erh.	Name	Standort	Anmerkung	QSL

Rufzeichen: **Standort:**

QSO	Datum	Rufzeichen	UTC von/bis	Band	Betr. Art	Sende-leistung	RST geg./erh.	Name	Standort	Anmerkung	QSL

Rufzeichen: Standort:

QSO	Datum	Rufzeichen	UTC von/bis	Band	Betr. Art	Sende-leistung	RST geg./erh.	Name	Standort	Anmerkung	QSL

Rufzeichen:					Standort:

QSO	Datum	Rufzeichen	UTC von/bis	Band	Betr. Art	Sende-leistung	RST geg./erh.	Name	Standort	Anmerkung	QSL

Rufzeichen: Standort:

QSO	Datum	Rufzeichen	UTC von/bis	Band	Betr. Art	Sende-leistung	RST geg./erh.	Name	Standort	Anmerkung	QSL

Rufzeichen: **Standort:**

QSO	Datum	Rufzeichen	UTC von/bis	Band	Betr. Art	Sende-leistung	RST geg./erh.	Name	Standort	Anmerkung	QSL

Rufzeichen: **Standort:**

QSO	Datum	Rufzeichen	UTC von/bis	Band	Betr. Art	Sende-leistung	RST geg./erh.	Name	Standort	Anmerkung	QSL

Rufzeichen: Standort:

QSO	Datum	Rufzeichen	UTC von/bis	Band	Betr. Art	Sende-leistung	RST geg./erh.	Name	Standort	Anmerkung	QSL

Rufzeichen: Standort:

QSO	Datum	Rufzeichen	UTC von/bis	Band	Betr. Art	Sende-leistung	RST geg./erh.	Name	Standort	Anmerkung	QSL

Rufzeichen: Standort:

QSO	Datum	Rufzeichen	UTC von/bis	Band	Betr. Art	Sende-leistung	RST geg./erh.	Name	Standort	Anmerkung	QSL

Rufzeichen: **Standort:**

QSO	Datum	Rufzeichen	UTC von/bis	Band	Betr. Art	Sende-leistung	RST geg./erh.	Name	Standort	Anmerkung	QSL

Rufzeichen: Standort:

QSO	Datum	Rufzeichen	UTC von/bis	Band	Betr. Art	Sende-leistung	RST geg./erh.	Name	Standort	Anmerkung	QSL

Rufzeichen: **Standort:**

QSO	Datum	Rufzeichen	UTC von/bis	Band	Betr. Art	Sende-leistung	RST geg./erh.	Name	Standort	Anmerkung	QSL

Rufzeichen: Standort:

QSO	Datum	Rufzeichen	UTC von/bis	Band	Betr. Art	Sende-leistung	RST geg./erh.	Name	Standort	Anmerkung	QSL

Rufzeichen: Standort:

QSO	Datum	Rufzeichen	UTC von/bis	Band	Betr. Art	Sende-leistung	RST geg./erh.	Name	Standort	Anmerkung	QSL

Rufzeichen:　　　　　　　　Standort:

QSO	Datum	Rufzeichen	UTC von/bis	Band	Betr. Art	Sendeleistung	RST geg./erh.	Name	Standort	Anmerkung	QSL

Rufzeichen: Standort:

QSO	Datum	Rufzeichen	UTC von/bis	Band	Betr. Art	Sende-leistung	RST geg./erh.	Name	Standort	Anmerkung	QSL

Rufzeichen: **Standort:**

QSO	Datum	Rufzeichen	UTC von/bis	Band	Betr. Art	Sende-leistung	RST geg./erh.	Name	Standort	Anmerkung	QSL

Rufzeichen: Standort:

QSO	Datum	Rufzeichen	UTC von/bis	Band	Betr. Art	Sende-leistung	RST geg./erh.	Name	Standort	Anmerkung	QSL

Rufzeichen: Standort:

QSO	Datum	Rufzeichen	UTC von/bis	Band	Betr. Art	Sende-leistung	RST geg./erh.	Name	Standort	Anmerkung	QSL

Rufzeichen: **Standort:**

QSO	Datum	Rufzeichen	UTC von/bis	Band	Betr. Art	Sende-leistung	RST geg./erh.	Name	Standort	Anmerkung	QSL

Rufzeichen: **Standort:**

QSO	Datum	Rufzeichen	UTC von/bis	Band	Betr. Art	Sende-leistung	RST geg./erh.	Name	Standort	Anmerkung	QSL

Rufzeichen: Standort:

QSO	Datum	Rufzeichen	UTC von/bis	Band	Betr. Art	Sende-leistung	RST geg./erh.	Name	Standort	Anmerkung	QSL

Rufzeichen: **Standort:**

QSO	Datum	Rufzeichen	UTC von/bis	Band	Betr. Art	Sende-leistung	RST geg./erh.	Name	Standort	Anmerkung	QSL

Rufzeichen: Standort:

QSO	Datum	Rufzeichen	UTC von/bis	Band	Betr. Art	Sende-leistung	RST geg./erh.	Name	Standort	Anmerkung	QSL

Rufzeichen: Standort:

QSO	Datum	Rufzeichen	UTC von/bis	Band	Betr. Art	Sende-leistung	RST geg./erh.	Name	Standort	Anmerkung	QSL

Rufzeichen: Standort:

QSO	Datum	Rufzeichen	UTC von/bis	Band	Betr. Art	Sende-leistung	RST geg./erh.	Name	Standort	Anmerkung	QSL

Rufzeichen: **Standort:**

QSO	Datum	Rufzeichen	UTC von/bis	Band	Betr. Art	Sende-leistung	RST geg./erh.	Name	Standort	Anmerkung	QSL

Rufzeichen: Standort:

QSO	Datum	Rufzeichen	UTC von/bis	Band	Betr. Art	Sendeleistung	RST geg./erh.	Name	Standort	Anmerkung	QSL

Rufzeichen: Standort:

QSO	Datum	Rufzeichen	UTC von/bis	Band	Betr. Art	Sende-leistung	RST geg./erh.	Name	Standort	Anmerkung	QSL

Rufzeichen:　　　　　　　　Standort:

QSO	Datum	Rufzeichen	UTC von/bis	Band	Betr. Art	Sende-leistung	RST geg./erh.	Name	Standort	Anmerkung	QSL

Rufzeichen:　　　　　　　　Standort:

QSO	Datum	Rufzeichen	UTC von/bis	Band	Betr. Art	Sende-leistung	RST geg./erh.	Name	Standort	Anmerkung	QSL